AF250456

PRÉCIS

D'UN

MÉMOIRE

Sur la détermination de quelques époques de la Nature par les produits des Volcans, & sur l'usage de ces époques dans l'étude des Volcans.

Par M. DESMAREST.

EXTRAIT DU JOURNAL DE PHYSIQUE, *mois de Février 1779.*

A PARIS,

De l'Imprimerie de CLOUSIER, rue St-Jacques, vis-à-vis l'Eglise des Mathurins.

M. DCC. LXXIX.

PRÉCIS

D'UN

MÉMOIRE

Sur la détermination de quelques époques de la Nature par les produits des Volcans, & sur l'usage de ces époques dans l'étude des Volcans (1).

M. D_{ESMAREST} s'étant livré d'une manière particulière, à l'étude des Volcans éteints de l'Auvergne, sentit bientôt la nécessité de mettre par ordre & de classer les différens produits du feu, suivant leur degré de cuisson, & suivant les matières premières qui avoient servi de base à la fonte. Il vit bien que c'étoit faute de cette nomenclature précise, que les Observateurs qui avoient publié quelques faits relatifs aux opérations du feu dans les volcans enflammés, s'étoient toujours bornés à des assertions très vagues. Ce

---

(1) Le Mémoire dont on donne ici l'extrait, a été lu dans la Séance publique de l'Académie Royale des Sciences, à la rentrée de la Saint-Martin 1775.

A 2

premier pas fait, il s'occupa de la diftribution des matières volcaniques à la fuperficie des cantons ravagés
par le feu. Il voyoit avec peine que certains Obferva-
teurs, en annonçant des volcans éteints, n'euffent pas
indiqué nettement les cratères & les courans de
laves fortis de ces cratères; il trouvoit plutôt dans
leurs Ecrits des cantons volcanifés que des volcans;
des produits du feu en défordre, que des laves &
des courans fortis de certains centres d'éruption. C'eft
pour éviter ces inconvéniens, qu'il crut devoir rame-
ner fes obfervations & leurs réfultats à une préci-
fion, fans laquelle l'étude de la Nature ne pourroit
être une fcience capable d'occuper un homme raifon-
nable. Le travail fur les époques des différens produits
du feu, eft le fruit de cette marche méthodique qu'il
a cru néceffaire de fuivre dans fes obfervations; &
nous le publions avec d'aùtant plus d'empreffement,
qu'il pourra difpenfer de la même étude ceux qui en
auront bien faifi l'efprit & les réfultats.

Après avoir étudié long-tems les différens produits
des Volcans, après avoir fuivi & reconnu la diftribution & les tranfports immenfes des laves autour des
centres d'éruption, M. Defmareft trouva tant de diffé-
rences dans les réfultats de fes obfervations, qu'au
lieu d'en receuillir des vérités précifes, il éprouva l'em-
barras que doit naturellement faire naître une multi-
tude de faits difparates.

Ici, certaines productions du feu lui offroient une
correfpondance auffi régulière qu'inftructive : il pouvoit
y faifir des circonftances fimples & uniformes; tels

(5)

font les cratères, dont la bouche large & profonde étoit couverte de scories, des courants enveloppés des mêmes scories, & sortant du pied de ces cratères; mais plus loin, il rencontroit tant de désordre apparent dans l'arrangement des laves, si peu d'ensemble dans leur distribution, qu'il fut tenté d'attribuer ce dernier état aux accès tumultueux du feu, & aux irrégularités de ses effets dans les éruptions de certains Volcans : mais plusieurs considérations le détrompèrent.

Il conçut d'abord que les embrâsemens des Volcans étant des accidents dans l'ordre des phénomènes ordinaires de la Nature, leurs retours n'avoient été assujettis à aucune période fixe. Il conclut de cette première vue, que les produits des éruptions successives ayant été dispersés à la superficie de certains cantons de la terre, dans des tems plus ou moins reculés, avoient dû subir des altérations d'autant plus considérables, qu'ils avoient été plus long-tems exposés à l'action continuelle & destructive des eaux.

Un coup-d'œil jetté sur ces divers produits, lui présenta des suites régulières d'altérations, qui le confirmèrent dans ces premières idées. Ensuite, comparant plus en détail les phénomènes les plus simples, c'est-à-dire, les formes primitives des derniers produits du feu, avec les diverses altérations dont d'autres produits offroient, en certains cas, des nuances très-marquées, il sentit bientôt la nécessité & les avantages de ranger par classes les faits qui appartenoient à certains états des matières volcaniques, & d'adopter, pour les apprécier, une méthode analytique fondée sur l'examen des

altérations , & fur la comparaifon de ces altérations
avec les circonftances de l'état primitif des Volcans :
il parvint ainfi à circonfcrire , dans des limites précifes ,
chacune des circonftances correfpondantes & parallèles
qui croiffoient ou qui s'altéroient dans le même ordre.

Le réfultat de cette difcuffion & de ce travail , fut
de lui faire démêler dans les éruptions des Volcans ,
dont les produits s'étoient préfentés avec telle circonftance ou fous telle forme particulière , *des époques* &
des âges , dont il fixa en même-tems l'ordre , la fuccef-
fion & les limites. Il entend donc par *époques* la réunion de certaines *circonftances* & de certains *états* où
fe trouvent les productions de la Nature , d'après lefquels on peut déterminer , non la date précife , mais
l'ordre fucceffif des évènemens qui ont concouru à ces
productions.

Comme ces époques , diftinguées par M. Defmareft ,
ne font fondées que fur la confidération des monumens
de la Nature , qui n'ont rien ou prefque rien de com-
mun avec les monumens hiftoriques , il n'envifage
point ici les tems connus ou foupçonnés. Dans fon
travail , les révolutions de la Nature font conftatées
par leurs traces & leurs veftiges encore fubfiftans.

La diftinction des époques qu'admet M. Defmareft ,
étant le réfultat de l'analyfe des faits , elle l'a mis en état
de réfoudre d'une manière fimple & naturelle , les principales difficultés que le premier examen des pays volcanifés lui avoit offertes ; il a été même bientôt con-
vaincu par l'ufage & les applications qu'il a eu occafion

d'en faire, que c'étoit faute d'avoir distingué ces époques, qu'on avoit recueilli tant de faits ou inutiles, ou aussi mal vus que mal interprétés, & dont l'assemblage confus n'étoit propre qu'à obscurcir l'histoire naturelle des Volcans. Au lieu qu'avec cette méthode, non-seulement on peut avancer d'un pas sûr dans la recherche des fragmens de cette histoire, mais on les lie ensemble, on en forme un tout qui, quoiqu'incomplet, fait voir que la Nature a été assujettie à la même marche dans les siècles les plus reculés, comme dans les tems les plus modernes.

Outre les grandes ressources qu'il a trouvées dans la distinction des époques, pour mettre d'accord entre elles les observations qui concernoient les effets des feux souterrains ; cette même distinction lui a encore présenté comme une conséquence immédiate des principaux faits qui avoient servi à l'établir, la solution d'un grand nombre de questions sur l'histoire physique du globe.

On doit sentir, d'après ces détails, quel doit être l'objet de ce Mémoire. M. Desmarest y expose d'abord les différentes *circonstances* qui lui ont paru caractériser chacune des époques, & appuyer la distinction qu'il en fait & l'ordre qu'il leur donne. Il indique ensuite les différens cantons où il a observé & reconnu les *circonstances* de ces époques : enfin, il montre les conséquences qu'on en peut tirer, & les applications qu'on peut en faire, soit dans l'étude des produits du feu, soit dans plusieurs points intéressants de l'histoire naturelle du globe.

A 4

L'analyse des faits qui a déterminé M. Defmareft à diftinguer des époques dans les produits du feu, lui a fait auffi connoître l'ordre qu'il devoit fuivre dans l'examen & dans l'expofition des circonftances qui caractérifent chacune de ces époques Il s'eft fixé d'abord à celle qui renfermoit dans fes limites les opérations du feu les plus récentes. Cette marche analytique eft fondée fur ce principe, que les réfultats des dernières opérations de la Nature, font plus fimples & moins altérées par les changemens qui furviennent chaque jour dans les formes primitives; & qu'on y reconnoît plus aifément les agens, parce que les traces de leur marche y font plus fenfibles; d'ailleurs, cet état primitif eft un objet de comparaifon, qui doit être continuellement préfent aux yeux d'un Obfervateur, s'il veut juger fûrement de l'étendue & du progrès des altérations fucceffives.

PREMIÈRE ÉPOQUE.

D'après ces vues, la première époque qu'il diftingue, eft celle qui renferme dans fes limites les produits des Volcans enflammés, ou les plus nouvellement éteints. C'eft autour de ces bouches, encore ouvertes, que l'on contemple facilement la diftribution des matières fondues, leurs différens états, les mêlanges qui s'y rencontrent, & qu'on s'accoutume à reconnoître la difpofition de toutes les pièces de ces grands & vaftes laboratoires. Les indices & les caractères de cette époque, font, 1°., la forme des montagnes arrondies, & préfentant à leur fommet tronqué un cratère ou bouche large & profonde : l'intérieur du cratère & les croupes extérieures font recouvertes par des fcories ou laves trouées légères, & par des matières cuites, fpongieufes : 2°., les courans de laves qui fe font fait jour par le flanc entr'ouvert de la montagne, & fe font répandus dans les plaines voifines ; ces courans font compofés d'une lave compacte dans le centre, fpongieufe & remplie de foufflures à la furface : outre cela, ils font accompagnés & enveloppés dans toute leur étendue par des fcories, des terres cuites & des ponces, femblables à celles qui recouvrent le cratère. 3°. Une troifième circonftance importante, eft que ces courans font affujettis à toutes les inégalités actuelles de la furface du fol des environs ; on en voit, par exemple, proche le Puy de Dôme, en Auvergne, qui, après s'être étendus fur un plateau élevé, fe font précipités dans des plaines baffes, en fuivant la pente & le débouché des vallons qui y conduifent, & ont occupé le fond de ces vallons & de ces plaines à plus de deux cent toifes du niveau de leur foyer, & à plus de deux lieues de diftance de ce même centre d'éruption.

Ces courans offrent encore une particularité intéreffante : ils font formés, pour ainfi dire, d'un feul jet, depuis le Volcan jufqu'à leur extrémité la plus éloignée. C'eft-à-dire, que leur maffe continue, ne paroît avoir été ni coupée, ni divifée par aucun nouveau vallon.

En rapprochant les caractères des produits du feu

qui appartiennent à la première époque, on les faisit aisément dans les cratères plus ou moins profonds, recouverts par des amas de scories : dans les courans de laves enveloppés des mêmes scories, occupans le fond des vallons, sans coupure & sans interruption considérables. Mais cet ensemble de circonstances ne convient guères qu'aux premiers âges de cette époque : M. Desmarest a cru devoir, outre cela, renfermer dans les limites de cette première époque, les altérations qu'ont essuyées les cratères, les scories, & enfin les courans eux-mêmes, relativement aux différens emplacemens qu'ils ont occupés dans les vallons. Toutes ces circonstances annoncent des changemens qui ont sensiblement les mêmes progrès. Dès que l'on apperçoit les cratères, dont les bords s'émoussent ou s'évasent, ou qui commencent à se combler, dès que les scories se réduisent en une substance terreuse pulvérulente, pour lors les courants qui sont sortis de ces centres d'éruption, n'occupent plus le fond des vallons ; ils sont placés à mi-côte, le vallon s'étant approfondi depuis que le courant est venu s'établir sur son ancien fond : enfin, on remarque dans la longueur des courans quelques coupures & quelques interruptions peu considérables.

S E C O N D E   É P O Q U E.

Si l'on suit la marche de tous ces effets qui paroissent avoir des progrès parallèles, on parvient à un état où l'on ne trouve plus de scories, ni de matières cuites spongieuses ; où les cratères ont disparu totalement, où les courans sont placés à la superficie des plaines élevées, où, enfin, différentes portions de ces courans sont séparées par des vallons larges & profonds. C'est à ces caractères que M. Desmarest reconnoît la *seconde époque*, c'est par toutes ces circonstances qu'il la désigne.

Ce précis rapide de ce qui distingue la *seconde époque*, montre que M. Desmarest y a été conduit insensiblement à la suite d'un examen sévère & méthodique des altérations & des changemens que les matières volcanisées des derniers âges de la première époque lui avoient offerts : il montre aussi que les indices de cette seconde époque, ne sont proprement que des résultats d'altérations plus complètes, qui ont exigé, pour être appréciés, la même marche analytique, le même plan de discussion que M. Desmarest avoit commencé à suivre dans la première époque : mais pour assurer de plus en plus la justesse de ce plan, remontons avec M. Desmarest vers l'origine des choses.

Si, dans tous les tems, le feu des Volcans s'est manifesté de la même manière ; si ses éruptions se sont faites par de vastes cheminées ; si les matières fondues par l'action de la flamme ont été d'abord contenues dans un creuset factice, & se sont épanchées au-dehors, à travers les flancs entr'ouverts des montagnes volcaniques, qui faisoient l'office de creuset ; il est évident que les produits du feu, rapportés à la seconde époque, ont dû se présenter pendant un certain tems, sous les mêmes formes primitives que ceux de la première époque, & dans des circonstances parfaitement semblables; &, à en juger par les vestiges qui nous en restent, on ne peut douter qu'il n'y ait eu pour lors des cratères ouverts, des scories, des courans continus enveloppés de scories, & placés dans les parties les plus basses du sol actuel, vers lesquels tendent toujours les matières fondues, qui suivent les pentes favorables à leur écoulement.

Ce n'est donc que par une longue suite de siècles, que toutes ces formes & toutes ces circonstances ont changé; M. Desmarest nous indique les causes, & les progrès de ces changemens. L'observation nous apprend, d'abord, que les scories & les terres cuites spongieuses, éprouvent une comminution assez sensible, & se réduisent, enfin, dans un court espace de tems en substances terreuses pulvérulentes. Elle nous montre, d'ailleurs, l'eau des pluies & des neiges fondues, déplaçant continuellement ces matériaux mobiles. En conséquence de ce double travail de l'eau, les bords des cratères, formés en grande partie de scories, ont dû s'émousser; ces bouches ont dû se combler par des nuances insensibles, & enfin disparoître entièrement, & il n'est resté à leur place que des amas confus de grumeaux pulvérulens, débris de différens produits du feu, ou bien des massifs de laves compactes, qui n'ayant pas été versées au-dehors, lors de l'extinction du Volcan, se sont refroidies dans ces vastes creusets.

& y ont formé des culots (1) plus ou moins confi-
dérables. Ainsi, lorsque la destruction des cratères est
complète, on ne trouve plus, au lieu d'une bouche
large & profonde, que des débris de laves légères mê-
lés aux laves compactes : ou bien des massifs de laves
compactes élevés & escarpés de tous côtés : ce sont des
culots dont les fourneaux & les creusets ont disparu.
Voilà où l'analyse des faits a conduit M. Desmarest.
Il en est de même des courans sortis de ces centres
d'éruption : dans l'état primitif, ils ont dû être enveloppés de scories, mais ils sont réduits actuellement
aux seules laves compactes & solides, & n'offrent dans
les fentes de ces laves & dans les interstices des différens lits accumulés les uns sur les autres, que les matières pulvérulentes dont on a parlé ci-devant.

Voici encore un changement qui a dû naître des
mêmes causes. Les courans qui avoient recouvert les
parties les plus basses des plaines voisines des centres
d'éruption, se sont trouvés par le progrès de l'excavation des ravines & des vallées, placés sur des plateaux
élevés, & par une suite nécessaire du travail de l'eau,
ces courans ont été coupés & divisés en différentes portions, à mesure que les vallons se sont multipliés &
approfondis. Ensorte que, pour retrouver l'ancienne con-
tinuité de ces courans, il faut combler en grande partie
tous ces vallons, & rétablir le plein pied qui a servi au-
trefois à l'écoulement des laves.

---

(1) On appelle *Culot* tout ce qui, dans la fonte des matières
métalliques, se trouve au fond du creuset, dégagé des scories.

Ainſi, les produits du feu dans ce ſecond état, ne font plus accompagnés de ſcories : on n'y voit plus à l'origine des courans, de cratère ouvert. Le ſeul moyen de reconnoître les centres d'éruption, eſt de retrouver l'origine commune de pluſieurs courans : c'eſt de ce point élevé que ces courans ſemblent, en ſuivant des pentes favorables, s'être diſtribués ſur les plaines environnantes, couvertes de leurs laves dilatées. Ces centres d'éruption ſe trouvent auſſi fort ſouvent marqués par les culots immenſes de matières fondues, dont nous avons parlé.

Comme les courans de cette époque occupent conſtamment les plaines hautes, & même quelques ſommets applatis de montagnes iſolées, par une ſuite de cette diſpoſition, on en voit ſouvent les coupes le long de la bordure ſupérieure des vallons, qui ont été creuſés dans le maſſif de ces plaines : on apperçoit même aſſez communément les portions d'un même courant, placées ſur les deux bords oppoſés, & correſpondans d'un vallon : & l'on ſe convainc aiſément que ces différentes maſſes de laves ont été coupées & ſéparées par ces vallons, & qu'elles ont appartenu à un même tout anciennement continu ; lorſqu'on conſidère le grain ſemblable des laves ; la forme & le module des priſmes de baſalte, engagés dans les courans ; le nombre des étages & des rangées de ces priſmes, qui ſont les mêmes des deux côtés du vallon, enfin, ſi l'on réfléchit à la néceſſité du plein-pied pour le tranſport de la lave dans toute la longueur des courans.

Cette circonſtance de la ſeconde époque, a par1

ttès-importante à M. Defmareft, par rapport aux con-
féquences qu'il s'eft cru en droit d'en tirer. Il en déduit
un principe évident, par l'expofition fimple du fait,
favoir, que les courans de laves, pendant le tems de
cette époque, fe font répandus fur les plaines hautes,
avant qu'aucun vallon ait été creufé dans le maffif de
ces plaines; & il en conclut, que ces courans font
antérieurs à l'approfondiffement des vallons, puifqu'ils
n'ont pu parcourir tout le trajet qu'ils ont fuivi, fans
que le vuide actuel des vallons ne fût rempli.

Voici encore une circonftance qui convient à cette
époque : tous les courans qui datent de cet âge, ont
recouvert également, fur-tout vers leurs extrémités
inférieures, les maffifs de granites, comme la fuperficie des couches horifontales les plus élevées : lorfque
ce dernier cas a lieu, il eft vifible que les courans
font poftérieurs à la formation des couches horifontales. M. Defmareft a faifi cette circonftance des couches horifontales, en tant qu'elles fe trouvent couvertes par les courans de laves de la feconde époque,
comme un moyen fimple de fixer leur date avec pré-
cifion, & par une conféquence immédiate, celle de
l'approfondiffement des vallons qui eft poftérieur à la
diftribution de ces courans, comme à la formation des
couches horifontales.

TROISIÈME ÉPOQUE.

Cette même confidération des couches horifontales,
a conduit auffi M. Defmareft à la troifième époque.

Et pour la diſtinction de cette époque, il n'a beſoin
que de la diſpoſition relative des couches horiſontales. Dans la ſeconde, elles ſont, comme nous l'a-
vons vû, toujours recouvertes par les produits du feu ;
dans la troiſième, au contraire, elles recouvrent ces
produits ou ſont mêlées avec eux. Les cantons où dominent les produits du feu, appartenants à la troiſième époque, ont offert de toutes parts à M. Deſmareſt les maſſifs de laves enſevelis ſous un aſſemblage
de couches horiſontales, compoſées, ou de ſubſtances calcaires & argilleuſes nullement altérées par le
feu, ou bien formées de matières volcaniſées, que la
mer a dépoſées par bancs entremêlés avec les *couches*
des matières intactes. On voit auſſi parmi ces dépôts,
des lits fort épais de cailloux roulés qui ſont des laves
de pluſieurs eſpèces.

Tout maſſif de laves, couvert de couches horiſontales & ſuivies, doit avoir été fondu & refroidi, avant
que la mer ait formé ces dépôts ; car les éruptions du
feu & les exploſions des matières enflammées qui accompagnent preſque toujours la fonte des laves, auroient culbuté les couches qui les auroient recouvertes, & auroient produit, dans leur diſtribution, un
déſordre qu'on imagine aiſément, mais dont on peut
d'ailleurs citer plus d'un exemple. Or, on ne voit aucun de ces dérangemens dans la plus grande partie
des couches horiſontales qui couvrent ou enveloppent
les maſſifs de laves. Car dans l'Auvergne & dans l'I-
talie où les dépôts de la mer qui recouvrent ou enveloppent les maſſifs énormes de laves ont quelquefois

une

une épaiſſeur de cent , & même de cent cinquante toiſes , les lits les plus profonds qui ſont établis ſur les
laves les plus baſſes , ſont auſſi ſuivis & auſſi régu-
liers que ceux qui ſont établis ſur les ſommets les
plus élevés des laves. Voilà donc une épaiſſeur de neuf
cent pieds en couches horiſontales qui a dû ſe former
tranquillement dans le baſſin de la mer, ſans avoir
éprouvé le moindre dérangement de la part des feux
ſouterrains. Toutes ces maſſes de laves étoient donc
fondues & en place, avant que la mer ait formé
aucune partie des dépôts qui les recouvrent. M. Deſmareſt ne prétend pas, au reſte, que toutes les *laves*
couvertes par les couches horiſontales, datent du com-
mencement du ſéjour de la mer dans les cantons qui
nous offrent de ces maſſifs. Il cite , au contraire, des
produits d'éruptions qui ont eu lieu pendant ce ſéjour.
Il a trouvé des courans de laves très-compactes & très-
ſolides, établis deſſus des couches horiſontales , &
enſuite recouverts par une addition de couches ſem-
blables , dépoſées ſur ces laves : la pâte molle des débris de coquilles, a rempli exactement les trous des
ſcories & des laves ſpongieuſes diſperſées à la ſuper-
ficie du courant : ces matières fondues, ſont quelquefois placées vers la moitié de l'épaiſſeur totale des
couches horiſontales ; ainſi la mer , depuis l'éruption
du Volcan qui a produit ces lits de laves , a formé
tranquillement une épaiſſeur de couches d'environ cent
toiſes. Nous omettons ici pluſieurs autres preuves auſſi
déciſives , & en particulier ces amas de poix qui , en
Auvergne , ſont engagés dans les couches horiſontales

de pierres calcaires intactes , & y occupent différens niveaux. Ils se trouvent dans le voisinage de certains lits horisontaux , composés d'un mélange de matières calcaires & de substances volcanisées très-comminuées.

Conséquences de ces Epoques.

M. Desmarest ayant fixé les circonstances où se trouvent les produits du feu dans chaque époque, ainsi que la succession' de ces époques suivant l'ordre analytique qu'il a adopté dans ses recherches, renverse ensuite cet ordre , & reprend ces époques pour les considérer suivant la succession naturelle des tems.

Il trouve d'abord la plus ancienne dans celle qu'il nomme toujours la *troisième :* elle constate que plusieurs éruptions des feux souterrains , ont fondu des masses énormes de laves , avant la formation des couches horisontales, & avant l'invasion de la mer ellemême ; qu'au surplus , ces feux ont eu des accès & des reprises pendant le tems qu'a duré cette invasion. Les limites qu'il fixe à cette époque , comprennent une certaine portion du tems qui a précédé le séjour de la mer dans ces cantons , ainsi que tout le tems de ce séjour. Voilà deux âges de la même époque bien distincts. Le dernier comprend certainement ce qu'il a fallu de tems à la Nature pour former une épaisseur de cent & cent cinquante toises de couches horisontales qui recouvrent les laves.

Dans l'époque qui suit , & qui est la *seconde* , suivant l'ordre analytique , M. Desmarest nous montre

les laves, cheminant sans obstacles à la superficie des
massifs de granit & des couches horisontales, & se
distribuant sur toute l'étendue des plaines élevées, où
elles ont trouvé le sol de plein-pied sans aucune coupure considérable, sans aucun vallon bien approfondi.
Par conséquent, cette époque est postérieure à la formation des couches horisontales, car les produits du
feu les recouvrent, & antérieure au creusement des
vallons, puisque les courans de laves, appartenants à
cette époque, n'en ont rencontré aucun dans tout le
trajet qu'ils ont parcouru : ses deux limites sont com-
prises entre la découverte des couches horisontales par
la mer, & l'excavation des vallons, portée à une
certaine profondeur.

L'époque qui vient ensuite, & qui est la moins ancienne de toutes, & la *première* dans l'ordre analytique, nous ramène, en rétablissant les altérations des
phénomènes, jusqu'à l'état primitif des Volcans, &
jusqu'à nos jours : elle occupe tout le tems qu'il faut
accorder à l'eau pluviale pour creuser les vallons : elle
nous montre même les différens progrès de ce travail,
en nous offrant les courans à tous les niveaux possibles
sur les croupes inclinées des vallons, & en nous in-
diquant, par-là, que chaque point qui sert de base &
d'emplacement aux courans, a été successivement un
fond de vallon, lors des éruptions des Volcans qui
ont produit ces divers courans.

C'est dans cette époque que les couches horisontales,
formées dans la troisième & la plus ancienne, ont été
coupées par des vallons; que les cratères, appartenans à

la feconde époque, ont été détruits ; que les fcories, qui y étoient accumulées, ont été réduites en une fubf-tance terreufe, pulvérulente, & propre à produire des végétaux ; que les différentes parties des courans, eux-mêmes établis à la fuperficie des couches horifontales, ont été féparées, comme ces couches, par des coupures qui font devenues infenfiblement des vallons du pre-mier ordre ; c'eft cette première époque, qui nous con-duifant infenfiblement à la feconde, nous apprend que les vallons qui féparent les portions du même courant, doivent croître & s'approfondir en même raifon que s'opère la deftruction des cratères & la comminution des fcories. C'eft cette époque qui, après nous avoir fa-miliarifés avec tous les produits du feu, nous met en état de les reconnoître enfuite, quoiqu'il n'y ait plus de cratères ou de fcories qui les accompagnent, & quoi-que les courans de laves foient divifés par maffes, pla-cées fur les fommets de montagnes ifolées de toutes parts, ou que ces laves foient enfevelies fous les cou-ches horifontales : enfin, elle nous fait comprendre qu'il ne faut pas commencer l'étude des Volcans par des pays où il ne fe trouve que des monumens de la fe-conde & de la troifième époque. M. Defmareft indique ce défaut de plan, comme la fource des erreurs & des méprifes des Naturaliftes, qui n'ont ni connu, ni fuivi cette marche analytique.

C'eft faute de cette méthode qu'ils ont nié l'exiftence des laves qu'il place fous la troifième & la feconde époque : qu'ils les ont rangées, ainfi que les bafaltes prifmatiques, les uns parmi les dépôts de l'eau, les autres parmi les fchiftes ; d'autres , enfin, dans la claffe des pierres de corne : qu'ils ont indiqué, pour d'anciens cratères, certaines parties évafées des vallons que les eaux ont creufées au milieu des laves de la feconde époque , & même de la première ; qu'enfin ils ont pris les baffins des lacs, qu'on trouve fréquemment dans les pays volcanifés pour d'anciens cratères.

Cette dernière méprife donne lieu à M. Defmareft de parler d'une circonftance de la première époque , qu'il avoit omife. Dans les cantons que recouvrent les produits du feu appartenants à cette époque , l'on n'apperçoit jamais ni fources ni ruiffeau d'eau courante, qui circule à la fuperficie des matières volcanifées. Les cratères font tous à fec. On conçoit aifément que les amas de fcories qui enveloppent les courans de laves , ouvrent par-tout des iffues qui facilitent la filtration de l'eau pluviale, à travers tous les courans : cette eau eft recueillie , enfuite, fur le fol intaĉt qui fert de bafe aux courans , & ne paroît plus qu'à leur extrémité , où elle fort en formant des fources très-abondantes.

Il n'eft pas néceffaire de montrer ici le peu de fon-dement de la fuppofition de ceux qui ont placé des lacs dans les cratères anciens : il fuffit de dire , que fouvent ils les ont placés ainfi dans les cantons appartenans à la feconde époque , où l'on ne trouve certainement plus de cratères, & jamais dans ceux de la première époque , où il y en a de bien apparens.

Dans les pays où les produits du feu de la feconde époque dominent, où les fcories ont été réduites en une fubftance terreufe pulvérulente qui eft fufceptible

d'un certain taſſement, l'eau pluviale ne pénètre pas
auſſi profondément que dans les cantons de la première
époque ; auſſi, y remarque-t-on quelques ruiſſeaux ;
mais on n'y trouve plus de cratères, & les baſſins des
lacs y ſont conſtamment placés, ou ſur un ſol intact
qui tient l'eau, ou ſur des ſubſtances cuites réduites en
terre : quant aux bords de ces baſſins, ils ſont formés,
ou par un aſſemblage de couches horiſontales comme
ceux du lac Bolsène, ou par la réunion de pluſieurs
courans qui ſemblent avoir inveſti ces baſſins ſans les
remplir.

Nous pourions joindre à tous ces détails pluſieurs
autres conſidérations ſur ces trois époques, particuliè-
rement ſur les moyens employés par M. Deſmareſt,
pour raccorder les dates des laves qui recouvrent ſeu-
lement les pays de granites, avec les dates des laves
qui ont couru ſur les couches horiſontales : quelques
intéreſſans qu'ils puiſſent être pour l'établiſſement de
toute ſa doctrine, nous les ſupprimons. Nous ſupprimons de même les indications de tous les endroits de
France & d'Italie, qui lui ont offert les monumens
naturels de ſes trois différentes époques. Quant à ce qui
concerne l'Auvergne, nous renvoyons au *Mémoire ſur
le Baſalte*, publié dans ceux de l'Académie des Sciences, pour l'année 1771. La diſtribution qu'il y fait des
courans de laves en trois claſſes principales, eſt fondée
ſur les mêmes circonſtances qui lui ont ſervi à la diſtinction des époques. Il eſt aiſé de voir que toute la
doctrine que nous venons d'expoſer, appuyée ſur ces
faits, peut être très-utilement appliquée, ſoit à l'étude

des produits du feu, foit à l'examen de plufieurs points intéreffans de l'hiftoire naturelle du globe.

Nous indiquerons, par exemple, ici l'ufage qu'on peut faire de ces époques, pour apprécier les progrès & l'étendue des deftructions qu'ont éprouvées certaines parties de la furface de la terre, par l'action de l'eau & l'alternative des faifons. Qu'on fuive deux courants de laves, appartenans, l'un à la première, & l'autre à la feconde époque, on fent aifément qu'ayant recouvert certaines parties de la furface de la terre en différens tems, & par conféquent, dans les divers états par lefquels cette furface a paffé fucceffivement, ces couches de laves ont confervé la difpofition du fol qui leur fert de bafe, telle qu'elle étoit à ces deux époques ; reconnoiffant enfuite l'ordre des époques par rapport aux laves, on affignera de même l'ordre des époques par rapport à telle ou telle forme de la fuperficie générale de certains cantons, & l'on pourra eftimer l'étendue des changemens que le laps du tems qui fépare une époque d'une autre, aura pu produire à cette furface ; car les témoins de ces changemens gifent fous les laves. Si, d'un autre côté, on compare avec les parties recouvertes & confervées par les laves, celles qui, dans les environs, font reftées à nud, & expofées à l'action deftructive des eaux, on verra que fouvent le fol eft abaiffé dans ces dernières parties, de 150 & même de 200 toifes au-deffous du niveau des premières, & qu'au lieu d'offrir, comme les parties recouvertes de laves, une plaine élevée d'une furface uniforme, les maffifs de granits en défordre, hériffés de pointes coupées de ravines, annonceront une immenfe deftruction, par les débris de toutes fortes dont ils font couverts. C'eft ainfi que la comparaifon des parties couvertes de laves & des parties reftées à nud, offrira par-tout des contraftes intéreffans. Les divers témoins de ces changemens fucceffifs qu'a éprouvé la furface de la terre, confervés par la lave, font donc auffi précieux pour un Naturalifte, que le peuvent être pour les Amateurs d'une antiquité plus moderne, les produits des arts confervés dans Herculanum, par une enveloppe de femblables matières.